OTHÈQUE GÉNÉRALE DE CINÉMATOGRAPHIE

1 Série Rose

LES BRUITS DE COULISSES AU CINÉMA

CHARLES-MENDEL, Éditeur, 118 et 118 bis, Rue d'Assas -- PARIS

Dijon — Imp. Darantière.

LES

BRUITS DE COULISSES

AU CINÉMA

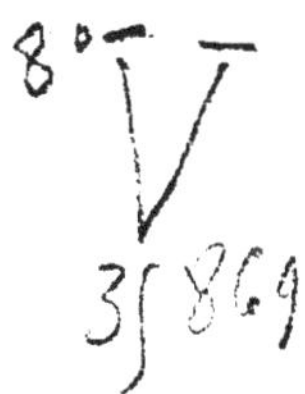

BIBLIOTHÈQUE GÉNÉRALE DE CINÉMATOGRAPHIE

LES BRUITS DE COULISSES AU CINÉMA

PAR

S. DE SERK

PARIS
COMPTOIR D'ÉDITION DE CINÉMA-REVUE
CHARLES-MENDEL
118 & 118 bis - Rue d'Assas - 118 & 118 bis

NOTE DE L'ÉDITEUR

Nombreux sont les Exploitants qui nous demandent des renseignements précis sur la façon dont on peut accompagner de bruits de coulisses appropriés les projections cinématographiques. Très souvent, en effet, le directeur d'établissement ne veut pas se résoudre à faire l'acquisition de machines dont un certain nombre de constructeurs se sont fait une spécialité, soit que, contraint de se déplacer, il s'efforce de réduire le plus possible le poids et le volume de ses bagages, soit que les bénéfices réalisés ne lui permettent pas de grever un budget trop modeste.

Le petit ouvrage que nous offrons aux cinématographistes d'abord, au public curieux ensuite, a été conçu pour condenser en quelques pages les moyens pratiques mis en œuvre pour imiter les bruits de tous genres. Ces moyens se perfectionnent à mesure que le cinématographe se perfectionne lui-même. Le jour, très proche, où le synchronisme aura dit son dernier mot, la question des bruits de coulisses aura reçu une nouvelle interprétation.

LES BRUITS DE COULISSES AU CINÉMA

Avec juste raison on s'est efforcé de faire du cinématographe un théâtre qui ne fût pas entièrement silencieux, non seulement en accompagnant d'une musique d'orchestre les scènes mimées projetées sur l'écran, mais en corsant ces scènes mimées par des *bruits de coulisses* appropriés.

Il est certain que l'Exploitant ne peut pas toujours avoir à son service une de ces machines, si bien construites, qui donnent mécaniquement, automatiquement le *bruit* correspondant à tel ou tel tableau du film. Il en est ainsi, par exemple, pour le cinématographiste qui, se déplaçant sans cesse, cherche à réduire le plus possible le poids de ses bagages. Il est certain également que si les *bruits de coulisses* utilisés au Cinéma dérivent de ceux qu'on emploie au théâtre, il ne saurait être question d'installer, dans les salles de cinématographe, toute la machinerie théâtrale.

Nous avons donc pensé faire œuvre utile en évitant aux directeurs qui ont à se documenter sur les bruits de coulisses d'avoir à chercher, dans un certain nombre d'ouvrages sur le Théâtre, des renseignements qui seraient non seulement, parfois, d'application difficile mais aussi contradictoires.

Un exploitant de cinématographe peut ignorer que les modifications apportées à la teinte de l'éclairage de la rampe servent à faire sur la scène le jour (lumière blanche) ou la nuit (lumière bleue), à souligner l'effet des lueurs d'incendie (lumière rouge) ; que, pour imiter l'aurore, on place dans le fond de la scène, à l'abri d'une *ferme*, des lampes électriques formant trois rangées de feux bleus, rouges, blancs qui, successivement utilisés, permettent de passer de la nuit au jour.

Il n'y aurait pas non plus utilité, à décrire par le menu l'appareil imaginé par *Meyerbeer* dans le *Pardon de Ploërmel* pour imiter le fracas du tonnerre.

Ce sera donc pour mémoire que nous parlerons de son appareil de l'Opéra-Comique dont l'idée fut suggérée à l'illustre musicien par le bruit que faisaient des maçons en déchargeant leurs gravois au moyen de longues gaines en planches de sapin.

Pourtant, comme le directeur de cinématographe se double souvent d'un directeur de Music-hall, comme le metteur en scène a besoin de connaître certaines formules de pyrotechnie théâtre, nous avons cru répondre à leurs désirs en élargissant un peu le cadre de notre travail.

DISPOSITIONS GÉNÉRALES

Lorsque la projection a lieu par transparence, les *bruits de coulisses* peuvent être produits de l'autre côté de l'écran, celui qui en est chargé se tenant en dehors du cône des rayons lumineux venant de l'appareil. Mais, lorsque la projection a lieu par réflexion, on s'installera à l'orchestre, au pied de l'écran, derrière un paravent, et toujours en dehors du cône lumineux. Les accessoires plus ou moins indispensables sont : une table de bois sur la moitié de laquelle on aura cloué une tôle rouillée, un panier renfermant des débris de vaisselle, un timbre de sonnerie, une trompe d'auto, une cloche, un sifflet, etc. D'ailleurs la lecture de notre opuscule permettra à chacun de constituer, suivant les besoins, son arsenal à bruits.

Bruits de pas, troupes en marche

On a proposé d'imiter le bruit que fait une troupe en marche en frottant le plancher avec les pieds, à la façon d'un cireur de parquet. Ce procédé donne en réalité un bruit assez confus. Au théâtre, on a, depuis longtemps, mis en pratique un moyen beaucoup plus simple. Trois à six figurants ou machinistes dissimulés dans les coulisses se frappent, de la paume de leurs mains, les cuisses en cadence. Les commandements militaires : En avant... Halte !... complètent l'illusion.

Pas des chevaux

Le même procédé est conseillé par certains pour imiter le galop du cheval. Mais tous les exécutants n'arrivent pas facilement à donner l'impression nette du bruit que nous étudions. Aussi indiquerons-nous un moyen plus particulier et qui consiste à frapper une plaque de marbre de moitiés de noix de coco évidées. Sans doute de véritables fers à cheval, cloués sur des blocs de bois dur maintenus par des courroies aux mains des machinistes, donnent aussi d'excellents résultats ; mais, non seulement il faut une grande habitude et une certaine habileté pour imiter parfaitement le galop de charge, le trot, etc., mais certains ont poussé le souci du réalisme jusqu'à rechercher les moyens de donner l'impression de pas de chevaux frappant le sol durci ou s'enfonçant dans le terrain sablonneux.

Pour obtenir ces résultats, on se sert d'une sorte

de sol artificiel et, tandis que le marbre sera plus particulièrement réservé à l'imitation du pas sonore des chevaux, on réservera à celle du pas assourdi l'utilisation d'une couche d'argile qu'on aura mouillée avant de la laisser durcir dans une sorte de cuvette rectangulaire.

Roulement de l'artillerie

C'est là un bruit qu'il est assez difficile d'obtenir au cinématographe puisque, pour le reproduire au Théâtre, on doit avoir recours à une brouette chargée de ferrailles et soumise à des soubresauts. On se contentera donc d'un bruit sourd produit par le roulement sur le plancher d'un gros haltère ou d'un boulet qu'un aide renverra.

Canonnade

Nous savons qu'on a conseillé de gros pétards. On nous a même demandé de fournir quelques détails sur leur fabrication. Ils sont chargés de poudre de chasse. Leur *cartouche* est faite de fort papier roulé sur un moule, à plusieurs épaisseurs très serrées. Pour simple qu'elle paraisse, cette manipulation n'est pas aussi aisée qu'on le pourrait croire. La feuille de papier est étendue sur une table et on roule le moule de bois dur ou de cuivre en même temps qu'on colle le papier avec de la colle de pâte bien homogène. Pour donner aux épaisseurs de papier une grande ténacité, on le serre sur le moule en même temps qu'on le roule, en appuyant sur lui une planchette spéciale, appelée *varlope*, qui permet d'exercer une pression bien uniforme.

Il faut s'assurer que les bords de la feuille sont bien enduits de colle, car, au moment où on chargera la cartouche, des grains de poudre pourraient se glisser entre les feuilles de papier. Plus le papier sera serré fortement et plus la détonation sera retentissante; le tube de carton doit être parfaitement étranglé dans le bas avant que la cartouche ne soit tout à fait sèche.

Pour pouvoir tirer énergiquement sur un cordeau d'attache d'environ 0 m. 80 de long on le fixe au mur ou à un solide pilier et on le passe au savon. L'autre extrémité du fil est attachée à un bâton solide d'une dizaine de centimètres de long. Après avoir encerclé la cartouche d'un tour complet de fil, l'ouvrier maintient le petit bâton au moyen de ses cuisses ; il peut ainsi, en avançant et en reculant, graduer le serrage sans entailler le papier de la cartouche. Pour ménager l'ouverture nécessaire à l'introduction de la charge, il utilise ce que l'on appelle une *Broche à étranglement*. Quand il s'agit de très forts pétards de grand diamètre, on remplace *l'étranglement* par un tampon fait de terre glaise et de terre réfractaire bien pulvérisées, bien battues. Pour charger le pétard, bien étranglé du bas, on évase l'ouverture au moyen d'une broche et on introduit d'abord une *bourre* de papier qu'on tasse dans le fond avec une baguette.

La charge de poudre est alors versée au moyen d'un petit entonnoir et tassée à la baguette. Le tube est ensuite étranglé, au niveau même de la poudre en laissant, pourtant, pour l'amorce, une *lumière*.

Nous croyons préférable, au cinématographe, de se passer de pièces d'artifices. Beaucoup moins dangereux sont les coups de mailloche dont on frappera, pour imiter le grondement du canon. la peau de la grosse caisse et dont on prolongera le son par de petits tremblements rapides. Lorsque la canonnade est lointaine et pour en imiter le sourd grondement, on détend un peu les cordes de la grosse caisse. Quand, au contraire, la canonnade est rapprochée, qu'elle est, par conséquent, accompagnée de ces vibrations métalliques qui, alors, la caractérisent, le meilleur moyen, pour l'imiter très parfaitement, est de recouvrir la peau de la grosse caisse d'une plaque de tôle. Le coup de mailloche prend alors la sonorité spéciale que nous venons d'indiquer.

Fusillade

Un moyen simple pour imiter la fusillade serait, semble-t-il, de se servir d'un revolver chargé de ce qu'on appelle des *cartouches à blanc*. Mais, lorsqu'il s'agit d'imiter une fusillade prolongée, le revolver serait insuffisant. Au théâtre on utilise la *Tringle* imaginée par M. Philippe ; ce dispositif consiste en une planchette sur laquelle on a monté, à côté les uns des autres, un grand nombre de canons de pistolet dont les lumières sont reliées par une *mèche* qu'on enflamme au moment voulu. La mèche dont on se sert n'est pas de la *mèche à canon*, mais de la mèche *à étoupille*, dont la vitesse de combustion est de cinq centimètres à la seconde en moyenne. La mèche est formée de brins de coton qu'on a fait tremper dans de l'alcool à 60°, gommé à raison de 15 grammes par litre, et qu'on a ensuite roulés. humides, dans du *pulvérin* obtenu en pulvérisant de la poudre de chasse. Lorsqu'on ajoute du soufre au pulvérin on réduit sa vitesse de combustion. On appelle *cordeau de Bickford, fusée lente* ou *mèche de sûreté*, ou encore *mèche de mine*, une mèche renfermant dans une enveloppe de ficelle goudronnée, un filet de poudre.

Cette mèche, en brûlant, ne donne que très peu de

lumière ; elle sert à mettre le feu à des pièces très éloignées. Une digression : les metteurs en scène peuvent avoir parfois besoin d'une *lance à feu* durant très longtemps et qui, même par la pluie violente, ne puisse s'éteindre. On se sert pour cela d'une cartouche à fond renforcé par un bouchon d'argile. Pour la remplir on la place dans un tube en fer blanc, on la munit d'un entonnoir de remplissage, on y glisse une tige de cuivre plus longue que la cartouche et dont l'extrémité inférieure est terminée par une tète massive à peu près du diamètre de la cartouche, enfin on introduit le mélange suivant :

Pulvérin 6 gr., salpètre 26 gr., soufre 10 gr. qu'on aura humecté de 3 gr. d'eau environ ajoutée goutte à goutte. La cartouche est remplie jusqu'à 10 centimètres du haut et on l'achève avec de la pâte d'amorce munie de deux brins de mèche.

Revenons aux moyens d'imiter le bruit de fusillade. Certains empruntent encore à l'art de l'artificier les *crapauds* ou les *feux de peloton* qu'ils font exploser soit dans un tonneau, soit dans une caisse en fer. Ces artifices ne sont que des pétards minces et longs chargés à la poudre de chasse, pliés en accordéon, et dont le centre de chaque pli est lié par une forte ficelle.

Nous croyons encore qu'il est préférable de se

passer de toute cette artillerie secondaire. On peut très bien rendre le bruit de la fusillade en battant avec des verges de jonc un petit matelas bourré de crin et recouvert de toile cirée; quant au crépitement des mitrailleuses on l'imite très bien au moyen d'une *crécelle* de forte taille.

Explosion

La *tringle* de M. Philippe ou un fort pétard sont encore le meilleur moyen d'imiter le bruit d'une explosion. Nous croyons qu'il serait exagéré de s'adresser aux *marrons*, cubes ou cylindres de carton chargés à la poudre de chasse et fortement serrés, dont on fait usage dans les feux d'artifices.

Tonnerre

Quelques-uns se contentent de faire rouler sur le plancher un gros haltère ou un boulet de fonte, le long d'un couloir de bois en pente douce et à ressauts que, dans certains théâtres, on a même placé au-dessus de la tête des spectateurs. D'autres s'adressent à la grosse caisse et aux cymbales de l'orchestre. Sur les scènes lyriques on se sert aussi d'une sorte de très long tambour qu'on frappe d'une mailloche et qui rend des sons d'autant plus graves que le musicien frappe plus près du centre. Quoi qu'il en soit, on peut considérer deux temps dans le coup de tonnerre : le grondement qui s'enfle graduellement et le fracas de la foudre. Pour obtenir le grondement du tonnerre, on agite une tôle mince d'au moins 1m.50 de haut sur 0 m.50 de large et suspendue par deux de ses coins. Lorsque le bruit a atteint son maximum d'intensité, on laisse tomber sur le plancher une sorte de jalousie formée de douves de tonneau alternant avec des plaques de plomb. Cet engin porte le nom caractéristique *d'éclat de foudre*.

Vent

Le complément du tonnerre est le *vent d'orage*. Certaines *sirènes* permettent de l'imiter à la perfection et les automobilistes ont installé sur leurs voitures de parfaits instruments éoliens. Mais un appareil est classique. Il se présente sous la forme d'un cylindre de soixante à quatre-vingts centimètres de diamètre limité par une toile métallique à mailles très fines et pouvant tourner sur son axe sous l'action d'une manivelle. Contre la toile métallique frotte la corde métallique d'une sorte d'archet ou une bande de soie fortement tendue.

Pluie

Certains tambours d'orchestre imitent bien la pluie sur leur caisse et certains metteurs en scène ont eu, plus simplement encore, recours à une fine nappe d'eau tombant en pluie d'une certaine hauteur sur une bande de zinc ou de toile caoutchoutée... Mais il existe encore, aux mêmes fins, un appareil fait d'un cylindre métallique mobile sur son axe et dont l'intérieur est divisé en quantité de petits compartiments qui communiquent entre eux par des orifices en forme de fente. C'est de l'un à l'autre de ces compartiments que passe une certaine quantité de pois secs ou de petites billes de bois qui rebondissent contre les vannes de tôle quand on anime le cylindre d'un mouvement de rotation plus ou moins rapide.

Grêle

Le même appareil peut servir à imiter le bruit que fait la grêle en tombant. D'aucuns préfèrent verser du riz sur une plaque de zinc. On aura donc l'embarras du choix.

Cascades et torrents

Les vannes, dont l'appareil précédent est muni, ont pour but d'obtenir un bruit *discontinu;* si on les supprime et si on substitue des plombs de chasse aux pois secs, le bruit produit quand on tourne le cylindre imite le fracas des cascades et des torrents.

Bruits de la mer

Les bruits que fait l'Océan en déferlant sur le rivage sont très complexes. Le bruit qu'on pourrait qualifier de fondamental, s'obtient en promenant deux brosses de chiendent dures ou deux brosses métalliques à la surface de la tôle rouillée que nous avons clouée sur la table à bruits. D'autres proposent de se servir d'une grosse caisse sur la peau de laquelle on fait lentement rouler des pois secs. A ce bruit fondamental vient s'ajouter celui du *choc des vagues* qu'on reproduit au moyen d'un tube assez long que l'on fait basculer et qui contient des pois secs roulant le long d'une conduite en zinc qui occupe de ses zig-zags tout l'intérieur du cylindre. Cet appareil est souvent fermé à ses deux extrémités par deux peaux de tambour, détendues pour que le son qu'elles rendent soit plus assourdi.

Sirène

Au théâtre, pour imiter aussi parfaitement que possible le son des sirènes de paquebots, on est allé jusqu'à construire une chaudière sur laquelle est adaptée une sirène véritable.

Au cinématographe on obtiendra une imitation très suffisante du même bruit en soufflant dans un pavillon de phonographe muni d'une embouchure.

Cloches et carillons

Un gong chinois frappé de la mailloche imite fort bien le bourdon de cathédrales. Quant aux carillons des cloches, sonnant le glas, les fêtes, etc., le *cadolophone* inventé par M. Harrington permet de les rendre à la perfection. Cet instrument est formé de tubes métalliques faits d'un alliage particulier. Il a été établi en France par M. Lacape.

Roulement de voiture

Là encore, à défaut d'une paire de roues montées sur essieu, on utilisera la paire d'haltère ou le boulet qu'on fera rouler sur le plancher ou, plus simplement encore, une chaise qu'on traînera derrière soi. En agitant des grelots, en faisant claquer un fouet, au moment voulu, on complètera l'illusion.

Moteurs

On peut se servir d'une sorte de petit moulin sur les ailes métalliques duquel on fait frotter quelques dents d'acier. Mais on obtient le même résultat en frappant à petits coups une tôle placée sur la peau d'une grosse caisse.

Trains en marche

Les trains en marche donnent lieu à une série de bruits caractéristiques qui, reproduits au Cinéma, ne manquent pas d'intéresser fortement le public.

Certains tambours arrivent à nous donner l'illusion

presque parfaite de trains en pleine vitesse. Au théâtre on se sert de deux plateaux de bois de 60 à 80 centimètres de diamètre montés sur un axe commun de rotation. Sur la face du disque inférieur est clouée une plaque de tôle et sur cette tôle roulent quatre galets de fer montés sur le plateau supérieur et placés aux quatre angles d'un carré inscrit dans la circonférence du disque. Au théâtre, on dispose ordinairement au moins trois de ces appareils placés un à droite, l'autre au centre, le troisième à gauche de la scène, de façon à donner l'impression parfaite d'un train qui approche, arrive, puis s'éloigne. En outre, ces dispositifs sont construits pour qu'on puisse glisser sur le plateau inférieur une mince tige métallique qui, par le ressaut qu'elle communique aux galets, donne l'impression d'un train passant sur une plaque tournante. Des bouteilles vides entrechoquées procurent une impression assez exacte des chocs des tampons des wagons. En frottant la surface d'une bouteille avec un bouchon on prétend pouvoir imiter le bruit que font les freins Westinghouse ; mais on a proposé une meilleure solution par l'utilisation de récipients à air comprimé, même des bouteilles à acide carbonique dont on ouvre le robinet au moment voulu.

Le sifflet aigu des locomotives est imité à la perfection au moyen d'un petit tuyau dans lequel on souffle. La tôle rouillée, frottée par les brosses métalliques, suffit à nous donner l'illusion des échappements de vapeur, le halètement de la machine étant, d'autre part, imité en frappant avec un petit balai la peau de la grosse caisse.

Bris de glaces ou de vaisselle

On imite les bris de glaces ou de vitres, en projetant sur le sol un ensemble de plaques métalliques qu'on trouvera chez tous les marchands d'instruments... joyeux. Quant à la vaisselle qui se brise avec fracas, on ne saurait être mieux dans le ton, qu'en laissant précisément choir sur le sol un panier plein de débris de faïence.

Cliquetis d'épée

Le moyen le plus simple est encore d'entrechoquer deux épées l'une contre l'autre.

Cris d'animaux

Les ressources que nous fournissent les camelots sur ce simple chapitre sont trop nombreuses pour que nous ayions à y insister longuement. Pourtant les cris d'animaux ont, au théâtre, leur instrument particulier. Il consiste en une sorte de tambour, ouvert par le bas, mais fermé du haut par une peau de parchemin en travers de laquelle est tendue une corde à boyau, portant, attachée en son milieu, une corde de même nature qui sort par l'ouverture inférieure du tambour. Cette corde est enduite de colophane et, pour en tirer le son désiré, le machiniste ou l'accessoiriste la pince et tire sur elle par saccades. Certains imitent parfaitement sur cet instrument le cocorico du coq, le mugissement du bœuf, le braiement de l'âne et le grognement du porc. En soufflant dans un verre de lampe, par sa partie la plus large, on arrive à pousser convenablement le rugissement du lion.

Quant aux chants d'oiseaux, c'est à un petit instrument vendu par les camelots que nous allons en demander les mélodies. Ce petit appareil, à peine plus grand que l'ongle du pouce, consiste simplement en un morceau de cuir entaillé pour loger une sorte de cadre métallique en forme de croissant qui tend une peau de baudruche. Pour faire chanter ce petit instrument, on en humecte suffisamment le cuir et on le fait adhérer au palais, les extrémités du croissant métallique venant toucher les dents pour vibrer quand on prononce *tzé, pstt.*

Bruits divers

La crécelle, qui nous a servi à rendre le crépitement de la fusillade, va encore nous permettre d'imiter le craquement des boiseries, bruit qui est en situation dans beaucoup de films comiques. La sonorité de la gifle est obtenue au moyen d'un claquoire d'ébène fait de deux longues planchettes montées sur charnière. Elle peut très bien s'imiter aussi par un claquement de mains.

Enfin on peut augmenter l'arsenal des bruits de coulisses d'une foule d'autres instruments que l'usage indiquera : tambourins, sonnerie, etc., etc. Mais il ne faut pas oublier qu'en tout l'excès est nuisible et que ce serait, peut-être, diminuer l'impression que laisse l'action dramatique elle-même que de multiplier les bruits et surtout que de les amplifier ou de les diminuer plus que de raison. Le cinématographe est le témoin fidèle de la vie de l'individu et des foules. A une photographie vraie, il faut adjoindre des bruits vrais.

C'est là une solution que le Synchronisme nous apportera sans doute. En attendant il faut tirer le meilleur parti possible des moyens dont nous disposons.

Pyrotechnie théâtrale

Il est d'usage de faire entrer la pyrotechnie théâtrale dans l'exposé de la pratique des bruits de coulisses. Comme nous l'avons dit, les quelques renseignements que nous donnons ici pourront être de quelque utilité aux exploitants qui donnent en même temps des numéros de Music-Hall. Tout d'abord nous ferons observer aux lecteurs qu'ils doivent apporter la plus grande circonspection dans l'emploi qu'ils peuvent faire des artifices de théâtre. Les décors sont toujours montés sur bois léger qu'on peut ignifuger ; mais il faut renoncer à employer le sapin, bois résineux. D'ailleurs le sapin se fendille facilement ; utilisé pour le parquet, il ne tarde pas à donner une surface très inégale qui ne permet pas aux artistes d'évoluer avec assurance. On donnera donc la préférence au bouleau, au tilleul, au peuplier, au tremble, à l'aulne.

Les artifices destinés à être brûlés dans les théâtres ne doivent laisser qu'un minimum de cendres. C'est pour cette raison qu'on les enferme dans des papiers alunés.

Les artificiers interviennent surtout quand il s'agit d'imiter les incendies au théâtre. On en demande la rouge lueur à des flammes de Bengale dont une bonne formule, *très photogénique*, est la suivante.

Chlorate de potasse	70
Noir de fumée	25
Nitrate de strontiane	450
Soufre	125
Gomme laque	17

Lorsqu'on veut avoir non seulement la lueur rouge mais des flammes, il faut placer la composition pour bengale dans un large récipient de fer et l'humecter d'essence de térébenthine On obtient les flammes qui sortent d'une cavité, d'une ouverture quelconque du sol ou d'une maison, au moyen d'artifices qui portent le nom de *bouffées* et qui sont constitués par un mélange intime de 80 grammes de salpêtre ou azotate de potasse, de 20 grammes de pulvérin en poussière très fine et 40 grammes de charbon de bois; 35 à 40 grammes de ce mélange font une dose de *bouffée*, dont l'enveloppe sera en papier de soie roulé sur un moule approprié. On achève de remplir cette enveloppe cylindrique avec quelques grammes de pulvérin pulvérisé ; on ferme l'engin en laissant sortir la *mèche*. Les plus grandes précautions doivent être prises pour l'emploi des bouffées, 125 grammes de la composition donnant des flammes de plus de quatre mètres.

Aux metteurs en scène nous proposons également

cette formule qui leur donnera une imitation parfaite des effets optiques de la foudre.

Antimoine.	2
Salpêtre	24
Pulvérin	64
Soufre	12

Le mélange mis en cartouche est allumé à distance au moyen d'une mèche de sûreté.

Dans les féeries, on fait encore grand usage des *pluies de feu* qu'on obtient en emplissant sans tasser des cartouches renfermant :

Fonte de fer pulvérisée	10 gr.
Charbon de bois	5 —
Azotate de potasse	8 —
Pulvérin	16 —
Soufre	4 —

Voici quelques formules de feux de Bengale :

FEU VIOLET

Carbonate de strontiane	4 gr.
Gomme laque pulv.	10 —
Chlorure de cuivre pulv.	15 —
Chlorate de potasse pulv.	50 —

FEU BLEU

Chlorure de cuivre	3 gr.
Gomme laque	1 —
Calomel.	2 —
Chlorate de potasse	5 —

FEU ROSE

Colophane	2 gr.
Carbonate de chaux	2 —
Chlorure de cuivre	2 —
Azotate de potasse	2 —
Chlorate de potasse	6 —

FEU VERT

Colophane ou gomme laque	1 gr.
Azotate de baryte.	2 —
Chlorate de baryte	5 —
Calomel.	2 —

FEU JAUNE

Colophane ou gomme laque	2 gr.
Oxalate de soude.	8 —
Chlorure de sodium (sel marin) . . .	1 —
Chlorate de potasse	10 —

FEU BLANC

Colophane	2 gr.
Antimoine	12 —
Soufre	16 —
Azotate de potasse	80 —

Toutes les matières doivent être soigneusement pulvérisées et mélangées.

Puisque nous venons de dire quelques mots, trop rapides peut-être, sur la pyrotechnie théâtrale, nous terminerons en donnant quelques indications sur les substances ignifuges.

Le phosphate d'ammoniaque est un excellent ignifuge pour les étoffes, même de vêtements, dont il n'altère pas les teintes.

Quant aux boiseries, elles seront tout d'abord recouvertes de deux couches successives de silicate de soude étendu de deux fois son poids d'eau, puis, le premier enduit sec, ce qui demande peu de temps, on passera à chaud deux couches de :

Borax	300 gr.
Acide borique	100 —
Eau très chaude	800 —
Blanc gélatineux des peintres	2 kg.
Amiante en poudre fine	500 gr.

TABLE ALPHABÉTIQUE DES MATIÈRES

NOTA. — Les titres principaux sont en italique.

DIJON. — IMPRIMERIE DARANTIERE

BULLETIN D'ABONNEMENT A REMPLIR ET A RETOURNER

118, Rue d'Assas, PARIS

Veuillez m'abonner pour une année à "**CINÉMA-REVUE**", Journal d'Informations Cinématographiques.

Ci-joint un franc vingt-cinq centimes.

Le **191**

Nom ....

Profession ....

Adresse ....

Bibliothèque Générale de Cinématographie

Aide = Mémoire du Cinématographiste

RECUEIL

DE

Recettes, Procédés, Formules et Conseils

utiles au Cinématographiste, groupés et classés

PAR

C. DE MIREAUNEL

PRIX : 0 fr. 75 ❁ FRANCO : 0 fr. 85

Tous les renseignements contenus dans cet ouvrage sont extraits de “ **CINÉMA** ”, Annuaire de la Projection fixe et animée.

PARIS
Comptoir d'Édition de “ Cinéma-Revue ”
118, RUE D'ASSAS, 118

ÉDITION 1913

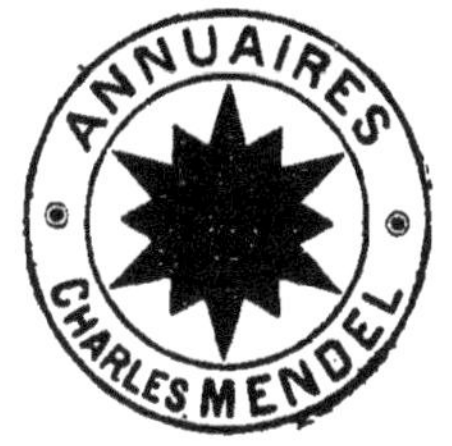

" CINEMA "

ANNUAIRE DE LA PROJECTION
FIXE ET ANIMÉE

PARIS — 118, rue d'Assas — PARIS 6e
TÉLÉPHONE : 811-90.

Cet ouvrage comporte :

1° Une *Liste générale* de toutes les personnes appartenant à la corporation cinématographique, classées par ordre alphabétique, avec leur profession principale, l'adresse complète, le numéro de téléphone, l'adresse télégraphique, etc... ;

2° Une liste de tous les *Fabricants et Négociants* d'articles de projections fixes ou animées, classés par chapitres (250) en cinq langues : Français, Anglais, Allemand, Italien et Espagnol ;

3° Une liste des *Marchands de Fournitures cinématographiques*, avec leur adresse ;

4° Une liste des *Exploitants* du Cinématographe, classés par ordre alphabétique, avec leur adresse ;

5° Une liste des *Opérateurs*, classés par ordre alphabétique, avec leur adresse ;

6° Une liste générale des *Marques* ou *Noms* donnés aux appareils : lanternes, films, accessoires ou produits employés en cinématographie, avec indication de la Maison qui fournit ces articles ;

7° Un Calendrier des *Foires* et *Fêtes patronales* avec les renseignements nécessaires aux Exploitants désireux d'installer un Cinématographe ;

8° Un Aide-Mémoire de l'opérateur cinématographiste ;

9° Des Renseignements industriels et commerciaux.

Toute personne appartenant à la corporation cinématographique a droit **GRATUITEMENT** à ses **NOM** et **ADRESSE** :

1° *A la Liste générale alphabétique ;*
2° *Au Chapitre se rapportant à sa profession ;*
3° *A la suite de chacune de ses marques ou spécialités.*

www.ingramcontent.com/pod-product-compliance
Ingram Content Group UK Ltd.
Pitfield, Milton Keynes, MK11 3LW, UK
UKHW021958260726
13994UKWH00004B/1815

9 782329 343716